ATLAS
GÉOLOGIQUE

DU

DÉPARTEMENT DE L'ALLIER

EN VINGT-SIX COULEURS

PRÉCÉDÉ DE

L'HISTOIRE GÉOLOGIQUE

DE CETTE RÉGION

PAR

L'ABBÉ V. BERTHOUMIEU

MOULINS

IMPRIMERIE ÉTIENNE AUCLAIRE

1900

ATLAS

GÉOLOGIQUE

DU

DÉPARTEMENT DE L'ALLIER

EN VINGT-SIX COULEURS

PRÉCÉDÉ DE

L'HISTOIRE GÉOLOGIQUE

DE CETTE RÉGION

PAR

L'ABBÉ V. BERTHOUMIEU

MOULINS

IMPRIMERIE ÉTIENNE AUCLAIRE

1900

AVANT-PROPOS

ES *premiers travaux d'ensemble, sur la géologie du département de l'Allier, furent publiés, en 1844, par l'ingénieur C. Boulanger. Son livre qui a pour titre :* Statistique géologique et minéralurgique du département de l'Allier, *fut une œuvre de grand mérite, à une époque où Elie de Beaumont pouvait dire de la géologie qu'elle était « une science en construction ». A ce livre est annexé un atlas de six planches qui contient une grande carte géologique du département. Malgré leurs imperfections et quelques erreurs, ces travaux ont valu à leur auteur une réputation de savant zélé et consciencieux, et ils peuvent être encore consultés avec fruit.*

Depuis cette époque, la géologie ayant fait d'immenses progrès, de nombreux savants, comme MM. Michel-Lévy, Le Verrier, de Launay, Julien, Fayol, Dollfus, etc., ont fouillé nos terrains, pour y découvrir le secret de leur formation ; ils nous ont laissé dans leurs écrits le fruit de leurs études. Une conséquence des recherches savantes poussées si activement de toutes parts, fut la construction d'une nouvelle carte géologique de la France. Le ministère des travaux publics qui en prit la direction, fit rééditer la carte topographique, dressée par l'Etat-Major, en 1848. Cette carte, comme l'on sait, n'est pas divisée par départements, mais en zones d'égale grandeur qui portent le nom de la ville principale qui s'y trouve. Ces feuilles furent ensuite confiées à des ingénieurs, afin de les enrichir des nouveaux tracés géologiques que les progrès de la science nécessitaient.

La nouvelle carte géologique détaillée de la France *est une œuvre*

*de haute valeur ; elle a, toutefois, l'inconvénient de morceler les dépar-
tements et de causer un surcroît de dépense à ceux qui veulent res-
treindre leurs études à l'un d'entre eux. Ainsi, l'Allier est réparti en
neuf feuilles différentes, celles de Moulins, de St-Pierre, de Montluçon, d'Issoudun, d'Aubusson, de Gannat, de Roanne, de Charolles
et d'Autun.*

*L'atlas que nous publions a pour but de remédier à ces inconvé-
nients, les huit planches qui le composent peuvent rester séparées, ou
bien : être réunies, par leur collage sur toile, en une seule feuille se
pliant en format in-4°. Nous avons adopté, pour base, la topographie
établie dans la carte de l'ingénieur Boulanger. Si nous en avons re-
tranché certains détails qui ne sont pas nécessaires à l'étude de la géologie, en revanche nous y avons ajouté le tracé de tous nos chemins de fer.
Notre carte est établie à l'échelle de 1/160,000, elle est donc, relativement
à celle du Ministère des travaux publics, réduite de moitié. Pour cette
raison, on n'y trouvera pas certains détails géologiques que leur
exiguïté ne permettait guère de signaler. La géologie de notre département est fort complexe, presque toutes les grandes formations y sont
représentées. Pour éviter les méprises qui pourraient résulter d'un
trop grand nombre de couleurs, nous avons ordinairement indiqué par
des chiffres les étages ou les variétés d'un même terrain. Enfin, comme
un tableau explicatif des couleurs ne suffit pas pour bien comprendre
une carte géologique, nous avons fait précéder celle-ci d'une histoire
succincte de la formation de nos terrains. Nous y avons annexé la liste
des ouvrages qui, dans la seconde moitié du XIXe siècle, ont été publiés
sur la géologie du département.*

*Ces études sont du plus haut intérêt, car elles nous dévoilent les
grandes lignes du plan de la création. Malgré quelques points obscurs
qu'elle éclaircira peut-être un jour, la géologie vient confirmer et
expliquer l'œuvre des six jours de la Genèse. Cette science est encore
éminemment pratique, ses explications dans les arts, l'industrie, le
commerce et l'agriculture sont considérables. Sa connaissance s'impose
donc, plus que jamais, à tous ceux que les progrès de l'instruction ne
laissent pas indifférents.*

Moulins, Septembre 1900.

V. B.

BIBLIOGRAPHIE

1844. — C. Boulanger. Statistique géologique et minéralurgique du département de l'Allier (Moulins).

1846. — Pomel. Mémoire sur la géologie paléontologique des terrains tertiaires de l'Allier (*Bull. Soc. géol. Fr.* T. III).

1848. — Harmet. Etude sur les terrains houillers de l'Allier (*Bull. Soc. géol. Fr.* T. V).

1851. — R. Murchison. Mémoire pour démontrer que les roches ardoisières du Sichon appartiennent à l'époque carbonifère (*Ann. sc. Auvergne*).

1851. — Ch. Martins. Sur les roches éruptives et la dioritine du bassin houiller de Commentry (*Bull. Soc. géol. Fr.*).

1852. — Pomel. Catalogue méthodique et descriptif des vertébrés fossiles du bassin supérieur de la Loire et de l'Allier (*Ann. sc. Auvergne*).

1860. — Dorlac. Les schistes bitumineux de Buxière (*Bull. Soc. géol. Fr.*).

1865. — Gruner. Roches trappéennes des bassins houillers (*Bull. Soc. géol. Fr.* 2e s. T. XXIII).

1865. — H. Lecoq. Les eaux minérales du massif central (Paris).

1866. — B. Poirrier. Note géologique et paléontologique sur la partie Nord-Est du département de l'Allier (*Ass. sc. Bourbonnais*).

1867. — H. Lecoq. Les époques géologiques de l'Auvergne (5 vol. Clermont).

1868. — Bailleau. La grotte des fées de Châtelperron (*Bull. Soc. Em. Allier*).

1869. — Daubrée. Note sur le kaolin de la Lizolle et d'Echassières, et sur l'existence du minerai d'étain (*C. R. Ac. sc.*).

1870. — A. Milne-Edwards. Observations sur la Faune ornithologique du Bourbonnais pendant la période tertiaire (*Ann. Soc. géol. Fr.*).

1871. — A. Milne-Edwards. Recherches anatomiques et paléontologiques pour servir à l'histoire des oiseaux fossiles de France (201 pl., Paris).

1873. — Deshaye. Le gisement de cuivre de Charrier-Laprugne (*Bull. Soc. géol. Fr.* 3e s. T. I).

1874. — Oustalet. Recherches sur les insectes fossiles des terrains tertiaires de France (12 pl., Paris).

1877. — A. Scrive. Le gisement de cuivre argentifère de Laprugne et Charrier (*Bull. Soc. agr. et arts. Lille*).

1877. — Grand-Cury. Flore carbonifère de la Loire et du Centre (*Mém. Ac. sc.* T. XXIV).

1878. — A. Bertrand. Note sur la Flore permienne des carrières de Coulandon (*Bull. Soc. Em. Allier*).

1879. — H. Filhol. Etude sur les mammifères fossiles de Saint-Gerand-le-Puy (2 vol., 50 pl.), (*Ann. sc. phys. géol. Paris*).

1879. — H. Voisin. Mémoire sur les eaux minérales de Vichy et des environs (*Ann. des Mines*).

1880. — A. Julien. La Limagne et les bassins tertiaires du Plateau Central (*Ann. Club alp.*).

4   BIBLIOGRAPHIE

1881. — A. JULIEN. Terrain dévonien de Diou et de Gilly. — Existence du Cambrien dans l'Allier (C.R.
          Ac. sc.).
1881. — MICHEL-LÉVY. Schistes micacés de Saint-Léon (Bull. Soc. géol. Fr. 3e s. T. XI).
1881. — OBÉ. Le bassin houiller de Bert (Bull. Soc. ind. min.).
1882. — CHAMUSSY. Mémoire sur les gîtes de manganèse et de fer des Gouttes-Pommier (Mâcon).
1884. — A. CARNOT. Sur la composition et les qualités de la houille (C. R. Ac. sc.).
1887. — A. FAYOL. Etudes sur le terrain houiller de Commentry. Liv. I. 1re partie : Lithologie et strati-
          graphie. 25 pl. (Bull. Soc. Ind. min.)..
1888. — DE LAUNAY et ST. MEUNIER. Etudes sur le houiller de Commentry. Lithologie. 2e partie : Etude
          micrographique. 5 pl. (Bull. Soc. Ind. min.).
1888. — RENAULT et ZEILLER. Etudes sur le houiller de Commentry. Liv. II. Flore fossile. 75 pl. (Bull.
          Soc. Ind. min.).
1888. — C. BRONGNIART. Etudes sur le houiller de Commentry. Liv. III. Faune ichtyologique. 1re partie :
          Monographie du Pleuracanthus Gaudryi. 6 pl. (Bull. Soc. Ind. min.).
1888. — SAUVAGE. Faune ichtyologique du houiller de Commentry. L. III. 2e partie. 6 pl. (Bull. Soc.
          Ind. min.).
1888. — E. OLIVIER. Les terrains jurassiques de la vallée de l'Allier. 1 pl. (Rev. sc. Bourb.).
1888. — DE LAUNAY. Les porphyrites de l'Allier (Bull. Soc. géol. Fr. 3e s. T. XVI).
1888. — DE LAUNAY. Etude sur le terrain permien de l'Allier (Bull. Soc. géol. Fr. 3e s. T. XVI).
1888. — RENAULT et ZEILLER. Détermination du niveau des couches houillères de Commentry (Bull.
          Soc. Ind. min.).
1888. — DE LAUNAY. L'industrie des schistes bitumineux à Buxières (Rev. sc. Bourb.).
1888. — E. OLIVIER. Mines de cuivre et de galène argentifère de Charrier-Laprugne (Rev. sc. Bourb.).
1888-94. — DE LAUNAY. Carte géologique détaillée de la France. Feuilles de Moulins, de Gannat et de
          Montluçon.
1888. — DAGINCOURT. Carte géologique détaillée de la France. Feuille de Saint-Pierre.
1888. — DE LAUNAY. Mémoire sur les sources minérales de Bourbon-l'Archambault (Ann. des mines).
1888. — F. PÉROT. Note sur les bois fossiles. 1 pl. (Rev. sc. Bourb.).
1889. — A. GAUDRY. L'Anthracotherium de Saint-Menoux. 1 pl. (Rev. sc. Bourb.).
1889. — E. BRUYANT. Excursion géologique à Commentry (Bull. Ac. Clermont).
1890. — A. JULIEN. Le carbonifère marin du Plateau Central (Rev. sc. Bourb.).
1890. — VERRIER. Présentation des fossiles du miocène de Gannat (Bull. Soc. ant. Paris).
1890. — H. FAYOL. Résumé de la théorie des deltas houillers et de la formation du bassin de Commentry
          (Bull. Soc. géol. Fr. 3e s. T. XVII).
1890. — H. FAYOL. Compte rendu de l'excursion de la Société géologique de France à Commentry,
          Montvicq et Bézenet.
1890. — DE LAUNAY. Excursion de la Société géologique de France aux Colettes et à Menat (Bull. Soc.
          géol. Fr. 3e s. T. XVII).
1890. — DE LAUNAY. Les dislocations du terrain primitif dans le nord du Plateau Central (Bull. Soc.
          géol. Fr. 3e s. T. XVII).
1890. — DE LAUNAY. Excursion de la Société géologique de France dans le terrain permien de l'Allier
          (Bull. Soc. géol. Fr. T. XVII).
1890. — GHONNIER. Excursion géologique aux environs de Vichy (Ann. Soc. géol. du Nord).
1891. — DE LAUNAY. La géologie de l'Allier (les Départements français, par RAVEUR).

1891. — A. Julien. Existence du terrain cambrien à Saint-Léon et à Châtelperron (*C. R. Ac. sc.*).

1891. — E. Olivier. La mine de Ramillard (*Rev. sc. Bourb.*).

1892. — Michel-Lévy. Carte géologique détaillée de la France. Feuille de Charolles.

1892. — E. Sauvage. Faune ichtyologique du permien français (*C. R. Ac. sc.*). Poissons du permien de l'Allier. 1 pl. (*Bull. Soc. géol. Fr.* 3e s. T. XX).

1892. — De Launay. La vallée du Cher dans la région de Montluçon (*Bull. Carte géol. Fr.*).

1892. — Auscher. Origine géologique des eaux minérales du bassin de Vichy (*Ann. méd. therm.*).

1893. — Le Verrier. Carte géologique détaillée de la France. Feuille de Roanne.

1893. — C. Brongniart. Etude sur le houiller de Commentry. Liv. III. 3e partie : Faune entomologique. Recherches pour servir à l'histoire des insectes des temps primaires. 37 pl. (*Bull. Soc. Ind. min.*).

1894. — A. Julien. Formation glaciaire des bassins houillers de la France centrale (*Rev. sc. Bourb.* — *Ann. Club alpin*).

1894. — Mascat. Poisson fossile de Commentry (le *Naturaliste*).

1894. — G. Dollfus. Recherches géologiques sur les environs de Vichy (Paris).

1894. — H. Fayol. L'origine des bassins houillers du Centre (*Bull. Soc. géol. Fr. et Rev. sc. Bourb.*).

1894. — A. Julien. Synchronisme des bassins houillers de Commentry et de Saint-Etienne (*C. R. Ac. sc.*).

1894. — Zeiller. Age des dépôts houillers de Commentry (*Bull. Soc. géol. Fr.* T. XXII).

1894. — A. Mallet. Promenades géologiques en Bourbonnais (*Rev. sc. Bourb.*).

1895. — B. Renault. Bactéries fossiles du terrain houiller (*Bull. Soc. hist. nat. Autun.* — Le *Naturaliste*).

1895. — Baraduc. Contribution à l'étude des eaux minérales du département de l'Allier.

1895. — De Launay. Relation des eaux thermales de Néris et d'Evaux avec les dislocations du Plateau Central (*C. R. Ac. sc. et Ann. des Mines*).

1896. — A. Julien. Le terrain carbonifère marin de la France centrale. 20 p. (Paris).

1899. — A. Julien. Le Plateau Central (*Revue d'Auvergne*).

1900. — Munier-Chalmas. L'oligocène du golfe d'Ebreuil (*C. R. Soc. géol. Fr.* Janvier).

HISTOIRE GÉOLOGIQUE

DU

DÉPARTEMENT DE L'ALLIER

OMPRIS entre 45°5o' et 46°48' de latitude N. et entre o et 1°40' de longitude
E (1), le département de l'Allier occupe la partie Nord du Plateau
central de la France ; son histoire géologique est donc intimement liée
à celle de ce grand massif, l'une des premières îles émergées du sein des
eaux primitives. Soumis à toutes les fluctuations de l'écorce terrestre, ces
terrains ont éprouvé, dans le cours des âges, des mouvements de bascule, de hausse
et d'affaissement ; ils ont subi des plissements gigantesques et ont été déchirés par
des cassures et des éruptions nombreuses. Il suffira de parcourir chacune des grandes
époques géologiques pour se rendre compte des révolutions que le sol du Bourbonnais a éprouvées.

ÈRE PRIMITIVE OU ARCHÉENNE

Dès que la croûte terrestre eut commencé à se solidifier, les eaux, jusqu'alors à l'état
de vapeur dans l'atmosphère, commencèrent aussi à se condenser à la surface du globe.
Ce fait, joint à d'autres circonstances, imprima aux premières assises terrestres une
structure à la fois cristalline et stratiforme : d'où le nom de roches cristallophyl-
liennes.

I. GNEISS (carmin, u) (2). Ces terrains abondent principalement dans la moitié
ouest du département ; ils appartiennent presque tous à la partie supérieure de cette
formation. Le gneiss inférieur, dans lequel la schistosité est à peine distincte, se
rencontre dans la bande qui s'étend de Buxière à Gipcy, et aux environs de
Chantelle ; toutefois celui-ci, d'après M. de Launay, pourrait bien n'être qu'un
granite dont les éléments ont pris une certaine orientation, par son intrusion dans le
gneiss. Par contre, les gneiss supérieurs arrivent quelquefois à se confondre avec les
micaschistes ; par exemple : aux environs de Commentry. Le gneiss est ordinairement

---

(1) Sur la carte ci-jointe, comme sur la grande carte géologique de France, les parallèles ont été tirés
non d'après les degrés, mais selon l'échelle des grades.

(2) La couleur indiquée est celle qui représente le terrain sur la carte. La lettre qui est à la suite a
pour but de la désigner plus sûrement ; se reporter pour cela au tableau des couleurs.

gris, rubané et chargé de mica noir, mais au contact du granite et de la granulite, il prend une teinte rose et renferme alors certains minéraux, comme la cordiérite et la tourmaline. Une bande de gneiss granitique, n° 2, s'étend de la Chapelaude à Saint-Sauvier ; on rencontre le gneiss granulitique, n° 3, au Sud de Colombier.

II. Amphibolite, serpentine (vert foncé, t). Au-dessus des terrains précédents, il existe une zone où le gneiss alterne avec le micaschiste et renferme des amphibolites. Cette roche, ordinairement schisteuse, devient parfois assez compacte pour ressembler à des diorites ; les masses les plus considérables se voient entre Huriel et Treignat. L'amphibolite est ordinairement en relation intime avec la serpentine ; celle-ci est indiquée sur la carte, au Sud de Viplaix, aux environs de Villebret et de la Celle, et à Saint-Léon. Ces roches sont d'origine éruptive, mais le métamorphisme qu'elles ont subi les fait ranger parmi les terrains cristallophylliens.

III. Micaschiste (rose pâle, s). Cette zone, la plus élevée des terrains primitifs, a, comme le gneiss, ses variétés ; près de Vitray et de Commentry, au contact de la granulite, le micaschiste devient granulitique, n° 2. Ces divers terrains contiennent souvent des veines de quartz qu'on attribue aux eaux chargées d'acide carbonique qui, après avoir dissous le quartz disséminé dans la roche, l'auraient déposé dans les fissures. Des couches de quartz micacé, imprégnées d'oxyde de fer et qui paraissent contemporaines des terrains précédents, se rencontrent au Sud de Chazemais, à Bouënat, etc.

ÈRE PRIMAIRE

I. Cambrien (violet rouge, r). Cette époque est marquée par un soulèvement considérable de l'écorce terrestre, vaste chaîne de montagnes appelée ride huronienne. C'est ce formidable mouvement qui fit émerger nos gneiss et nos micaschistes, et forma la première ébauche du Plateau central. Dans la suite, il se produisit un affaissement partiel pendant lequel se formèrent les premiers terrains sédimentaires. Ces dépôts sont généralement des phyllades, schistes durs, de couleur sombre, plus ou moins micacés, feldspathiques et maclifères ; ils ne renferment point de fossiles.

Les géologues qui ont étudié ces terrains dans l'Allier ne s'accordent pas sur l'époque de leur formation. D'après M. Julien, les assises précambriennes feraient absolument défaut, dans le Plateau central, mais le cambrien y serait largement représenté. Ce savant regarde comme tels les dépôts schisteux qui couronnent les gneiss, et les micaschistes à l'Ouest de Gannat et ceux qui se développent autour du carbonifère de la vallée du Sichon. M. de Launay a décrit ces schistes qui ont tous un aspect de pseudogneiss, ceux qu'on voit près de Gannat sont simplement micacés et injectés de granulite. Ce géologue les attribue avec doute au précambrien. Il existe, aux environs de Saint-Léon, des terrains analogues qualifiés précambriens, par Michel Lévy ; mais ces schistes maclifères renferment un banc de marbre siliceux, n° 2, et une lentille de schiste amphibolique. De plus, cette formation supporte un étage renfermant à la base un poudingue à cailloux de quartz, au-dessus des quartzites blancs et des grès, n° 3, enfin une assise de schistes satinés (schistes à séricite) parfois très chargés de graphite, n° 4. Pour M. Julien, cette formation est nettement cambrienne.

Il ne faudrait pas assimiler aux précédents un étage puissant de schistes, avec bancs plus ou moins gréseux, n° 5, situé entre le poudingue dinantien de l'Ardoisière et la bande des schistes maclifères d'Arronnes. Ces terrains que l'on a essayé d'exploiter comme ardoises sont attribués douteusement au carbonifère par M. de Launay. M. Julien, qui les a étudiés avec soin et n'y a jamais rencontré de fossiles, les appelle cambriens. D'autre part, le traité de géologie de M. de Lapparent ne donne cette dernière qualification qu'aux phyllades fossilifères. Quoi qu'il en soit, cette formation qui sert de substratum aux poudingues précités est postérieure aux schistes maclifères.

II. DÉVONIEN (vert quadrillé, q). Dans le Plateau central, le silurien proprement dit, fait défaut; mais les temps dévoniens furent inaugurés par un second soulèvement de l'écorce terrestre, qui se produisit, comme le premier, dans les régions septentrionales et appelé ride calédonienne. Alors, la mer refoulée vers le sud pénétra chez nous. On en trouve des traces dans les schistes noirs, les dolomies et les marbres de Diou et de Gilly (étage frasnien). Dans ce golfe de la mer dévonienne vivaient une multitude de polypiers, de brachyopodes, voire même des trilobites; *Atripa reticularis* abonde dans les marbres. C'est, dans l'Allier, le seul dépôt incontestablement dévonien.

III. ROCHES ÉRUPTIVES. 1° *Granite* (rouge garance, z). La première dislocation de l'écorce terrestre qui s'est produite dans le Nord du Plateau central, à la suite du grand plissement calédonien, a eu pour conséquence la montée du granite dans les voûtes des plis anticlinaux, où il s'est solidifié. Le granite n'aurait pas par lui-même traversé les couches supérieures, ce sont les érosions qui l'ont mis à nu. Cependant, là où des fentes se sont produites, il les a suivies et par cette voie s'est injecté dans les terrains déjà formés. Ses variétés ont apparu dans l'ordre suivant : 1° le granite porphyroïde, 2° le granite à grains moyens, 3° le granite amphibolique.

Dans l'Allier, ces roches forment des massifs considérables. Le granite à gros grains ou granite porphyroïde se voit à l'Ouest de la traînée houillère de Saint-Eloi, Montmarault, Noyant, et dans les cantons de Lapalisse, de Cusset et du Mayet-de-Montagne. Le granite à grains fins, très chargé de mica noir emprunté au gneiss qu'il a traversé, s'observe principalement à l'Est de la traînée houillère ci-dessus et aux environs de Néris et de Marcillat. Le contact du granite et du gneiss a, par une action réciproque, modifié sensiblement leurs éléments ; ainsi, le granite gneissique, n° 2, occupe une bande située au Nord d'Huriel. On distingue encore le granite amphibolique, n° 3, près de Châtelperron et le granite microgranitique, n° 4, près du signal de Laage.

2° *Granulite* (violet bleu, y). Une autre dislocation postérieure à la précédente provoqua la venue de la granulite. Sous cette dénomination sont comprises toutes les roches granitiques à mica blanc ou à deux micas et en particulier la pegmatite. La granulite forme rarement de grands massifs, mais elle se présente fréquemment en filons dans le gneiss, les micaschistes et le granite. On distingue, aux environs du Brethon, la variété gneissique, n° 2, roche chargée de mica blanc et nettement zonée ; c'est une pegmatique des mieux caractérisées. A l'instar du granite, cette roche est tantôt à gros éléments, par exemple, aux Colettes, et tantôt à grains fins, comme c'est le cas le plus fréquent.

IV. Carbonifère (noir violet, p). La submersion commencée à l'époque dévonienne, augmenta encore dans celle-ci. Par suite d'un affaissement partiel de notre sol, la mer carbonifère pénétra, par le Nord, dans la vallée du Sichon, jusqu'au pied du Montoncel. On y distingue, en effet, trois lambeaux du carbonifère marin (étage dinantien) : ceux de l'Ardoisière (1), de Ferrières et de Laprugne.

Le lambeau qui s'étend à l'Ouest et au Nord de l'Ardoisière se compose, dit M. Julien, de deux termes. Le premier inférieur (sous-étage viséen) débute par un poudingue à galets divers, n° 1, alternant avec des schistes verdâtres qui renferment des lentilles de marbre cristallin, et par-dessus des grès calcaires fossilifères, n° 2. Le second terme qui correspond au namurien inférieur se compose de grès anthracifères et de tufs porphyritiques, n° 3.

Le lambeau de Ferrières est à peu près semblable. Le centre est occupé par les poudingues, les schistes et les grès anthracifères n° 1. Au Sud, des schistes, des calcaires et des marbres à encrines, n° 2. Au Nord, les tufs orthophyriques, n° 3. Au Sud de Ferrières, dans une autre traînée d'orthophyre, dont le Roc Saint-Vincent est formé, on vient de découvrir un gisement de cuivre analogue à celui de Charrier. De nombreux fossiles ont été trouvés dans les marbres et les grès calcaires ; ce sont : des polypiers, des bryozoaires, des brachyopodes, des gastéropodes, etc. ; les derniers trilobites y sont représentés ; on y rencontre aussi quelques poissons.

A Laprugne on distingue, dans la formation carbonifère, des grès argilo-siliceux, n° 1, et des schistes argileux, n° 2.

V. Eruptions. 1° *Microgranulite* (rouge brun, x). C'est le porphyre rouge quartzifère des anciens auteurs. Cette roche a fait son apparition après les dépôts du dinantien, mais avant le houiller supérieur, puisqu'on la trouve en filons dans le premier et en galets dans le second. Elle a été la conséquence de la troisième dislocation signalée dans le Nord du Plateau central. La microgranulite forme parfois des massifs importants ; mais le plus souvent elle se montre en filons, comme dans la rive droite de la vallée de la Queune, à l'Ouest de Commentry, au Sud-Ouest de Montluçon ; ces filons abondent surtout autour du carbonifère dinantien qui en a été pénétré et disloqué. On voit aussi des filons de porphyre pétrosiliceux et à quartz globulaire dans le granite du Mayet-de-Montagne, notamment à Saint-Nicolas ; toutefois, ces derniers sont peut-être d'âge permien.

2° *Filons métallifères.* Le gisement de cuivre de Charrier-Laprugne, qui se trouve dans des phyllades chloriteux, paraît intimement lié à l'éruption de la microgranulite. Certains géologues rattachent encore à ce grand mouvement les éruptions de quartz antimonieux, comme ceux de Nades et de Bresnay.

L'apparition des sources minérales a commencé avec le soulèvement de la microgranulite. Celles de Vichy paraissent être dans ce cas.

VI. Houiller (Noir de fumée, o). Cette époque est marquée par l'apparition de la chaîne hercynienne, gigantesque soulèvement qui s'étendait de la Bretagne à la Bohême. « Le massif central, dit M. Julien, n'est plus alors la petite île de l'époque

---

(1) Cette localité n'est pas située sur le carbonifère, mais sur la limite de ce terrain. Néanmoins, depuis Murchison qui englobait les schistes de l'Ardoisière dans cette formation, on a continué à employer ce nom pour désigner le lambeau carbonifère qui l'avoisine.

silurienne ; des chaines alpestres, hautes de plusieurs milliers de mètres, le sillonnent et bientôt de puissants glaciers descendent des sommets, pénétrent dans les forêts de sigillaires et de fougères arborescentes, et accumulent leurs moraines et leurs alluvions puissantes dans les vallées de nouvelle création. Ainsi s'est formé le terrain houiller de la France centrale dont les différents bassins (expression absolument impropre) ne sont autre chose que des fragments, des lambeaux plissés, disloqués postérieurement et faillés, à moitié enlevés par l'érosion, des alluvions du chaînon hercynien du Plateau central. »

La théorie de l'origine glaciaire de nos dépôts houillers a trouvé plus d'un contradicteur. D'après M. Fayol, des torrents chargés de gravier, de vase et de débris végétaux débouchaient dans l'eau tranquille et profonde d'un lac, où les matériaux se séparaient suivant leur densité. Tel est le résumé de la théorie des deltas fluvio-lacustres. Son auteur rejette l'existence d'une formation glacière à Commentry. M. de Launay parlant des brèches de ce bassin houiller, et en particulier de celle de la couche Sainte-Aline, dit : « Il est difficile d'expliquer ces formations bréchiformes autrement que par l'éboulement de pans de montagnes entiers, idée compatible avec celle d'un relief alpestre ; nous n'y avons jamais rien vu qui permette d'admettre l'action de phénomènes glaciaires. »

Les dépôts houillers occupent, dans le département de l'Allier, quatre grandes dépressions principales qui correspondent aux plissements du sol : 1° Bassin de Meaulne et d'Estivareilles ; 2° bassin de Commentry, Montvicq, Bézenet et Villefranche ; 3° bassin de Souvigny, Noyant, le Montet, Montmarault ; 4° bassin permo-houiller de Bert.

Les bassins de Meaulne et d'Estivareilles, pauvres en houille, sont formés principalement de grès et de poudingues.

Le bassin de Commentry encaissé dans le gneiss, au voisinage de nombreux épanchements de granite, est constitué à la base par des poudingues, avec galets d'une houille provenant d'un dépôt plus ancien, puis de grès de schistes et de couches de houille. Une Flore très riche a été trouvée dans ces terrains. On y remarque un banc, appelé banc des roseaux, où les tiges de Calamodendron et de Psaronius abondent ; quelques-uns de ces troncs sont encore debout. L'explication de ce fait, donnée par M. Fayol, confirme sa théorie de la formation de la houille par le flottage. Cette Flore a été décrite par MM. Renault et Zeiller. La Faune du houiller de Commentry n'est pas moins importante. Les poissons ont été étudiés principalement par M. Sauvage, et les insectes par Ch. Brongniart.

Les autres dépôts houillers du département appartiennent, comme les précédents, à l'étage stéphanien. A Bert, la houille seule est de cette époque. Leur Flore a été décrite par Grand-Eury.

VIII. Porphyrites (bleu noir, v). La fin de l'époque houillère a été marquée par une éruption de porphyrites (dioritine). Ces roches sont localisées dans le voisinage du terrain houiller, parce que celui-ci s'étant déposé dans les dépressions résultant des fractures du sol, c'était là où l'écorce terrestre offrait le moins de résistance à la poussée interne. Ces roches se présentent toujours en filons ou en masses relativement peu volumineuses. On y distingue trois types principaux : la porphyrite simplement micacée, qui comprend toutes les variétés de Commentry ; la porphyrite micacée et augitique, à laquelle appartient la basanite de Noyant, et la porphyrite amphibolique ; qui se montre à Cressanges et au sud de Saint-Léon.

VIII. Permien (bleu clair, m, n), Vers la fin du houiller, une nouvelle invasion de la mer, venant cette fois-ci de l'Est, se produisit dans le Nord du Plateau central. L'envahissement de la mer permienne se fit avec lenteur et commença par remplir les estuaires que le houiller n'avait pas comblés. Ses dépôts commencent par les schistes bitumineux de Buxière, Saint-Hilaire, Souvigny et les schistes de Bert (bleu rayé de noir, n).) Dans ces trois premières localités, les schistes reposent sur une houille de l'âge de celle de Commentry, et alternent au sommet avec des couches de grès et de calcaire fétide. Ces terrains renferment de nombreux fossiles, des fougères et des poissons. La Flore de Bert est plus franchement permienne que celle des autres bassins ; on y trouve dans les schistes, des *callipteris* et *Walchia piniformis*.

t. A cet étage succède celui des grès de Bourbon, n° 1. La mer couvrit alors le promontoire gneissique qui s'avançait de Meillers à Bourbon et pénétra jusqu'à Coulandon et probablement dans la forêt de Moladier. Les grès de cette formation alternent avec des argiles et des marnes bariolées. Près de Bourbon, ils renferment un banc de calcaire fétide très siliceux et un lit de schistes-papiers, avec nombreuses empreintes de poissons.

Le troisième étage est celui des grès argileux micacés, n° 2. Il est localisé autour de Bourbon, mais comme il se délite facilement, il a disparu presque partout de la surface du sol.

L'arkose de Cosne forme le quatrième étage, n° 3. Il présente des bancs mal réglés, généralement rubéfiés avec des noyaux rouges ou jaunes, parfois blancs. Des lambeaux de cette formation se voient encore dans le voisinage de Montvicq et de Commentry et au Sud de Montmarault.

Le cinquième et dernier étage du permien est celui du grès rouge supérieur (thuringien), n° 4 ; il est peu répandu.

Ces différentes formations gréseuses ont été, en plusieurs endroits, l'objet d'une silicification postérieure qui en a fait des roches très compactes, des arkoses. L'époque permienne est, en effet, caractérisée par des phénomènes hydrothermaux siliceux, avec oxyde de fer, et des hydrocarbures qui ont produit l'huile minérale des schistes.

Le dépôt permien de Bert, formé dans l'eau douce, est assez différent de celui de Bourbon. Au Nord de la première de ces deux localités, s'étend une vaste couche de grès rouge (saxonien), n° 4, avec des intercalations de conglomérats, de calcaire magnésien, de silex et d'huile minérale. Cette série de grès si divers renferme une Flore et une Faune assez intéressantes, qui ont été décrites par MM. Zeiller et Sauvage.

IX. Quartz saccharoïde (raies rouges, w). La fin de l'époque permienne, ou le commencement de la suivante, fut marquée, dans le Bourbonnais, par une quatrième dislocation qui amena à la surface une multitude de filons de quartz saccharoïde et même de vastes épanchements siliceux comme ceux de Messarges et des environs de Bourbon. Souvent ces filons siliceux sont accompagnés de fluorine, de barytine et de galène ; les plus remarquables, en ce genre, sont ceux de Maltaverne et de Praviers, au sud de Saint-Hilaire et de Meillers. Les sources de Néris et de Bourbon sourdent à travers des filons de même nature. Ceux du Puy-Saint-Léon et des Gouttes-

Pommier, qui sont probablement d'âge triassique, contiennent, en outre, des oxydes de fer et de manganèse. D'autres filons de quartz, dont l'âge ne saurait être précisé, contiennent d'autres minéraux ; aux Colettes on trouve l'étain, à Nizerolle le sulfure de plomb, à Ramillard et à Golliard la galène argentifère.

ÈRE SECONDAIRE

I. TRIAS (vert-bleu, I). Le mouvement d'immersion commencé à l'époque permienne, s'accentua encore pendant celle-ci. La mer triassique pénétra d'une manière interrompue sur la bordure Nord du département ; ses dépôts affleurent à travers les plus récents, depuis le Cher jusqu'à l'Allier, et sont limités au Sud par les grès permiens. Toutefois, la discordance entre le trias et le permien n'est pas toujours facile à établir, par exemple, entre Meaulne et Vitray. On distingue deux étages dans cette formation ; le premier, composé de grès et argiles bariolés, n° 1, et de marnes avec dolomies souvent silicifiées, n° 2. Le second étage est celui des marnes irisées, n° 3, qui contient du plâtre avec bancs de grès intercalés ; ce grès est rendu très fissile par la grande quantité de mica qu'il contient. Le grès bariolé est chargé de cailloux de quartz, sa couleur généralement rose ou blanche le fait distinguer de l'arkose de Cosne et du sidérolithique qui sont d'un rouge vif, ou jaunes.

II. JURASSIQUE INFÉRIEUR. Cette époque a vu commencer pour le Bourbonnais une période tranquille, pendant laquelle la mer s'est retirée lentement vers le Nord. Alors se sont formées les diverses séries liassiques que l'on rencontre aux environs de Lurcy et sur la limite Nord du département.

1° *Rhétien et infralias* (bleu de Prusse, k). Nous avons réuni ces deux formations qui, pour un grand nombre de géologues, n'en font qu'une. Le rhétien est constitué par une arkose blanche qui devient sableuse et kaolinisée, avec grès bariolés mal agglutinés. L'infralias qui lui est supérieur est composé de calcaire dur à grains de quartz et d'argiles sableuses.

2° *Lias inférieur et moyen* (bleu quadrillé, s). Le premier (étage sinémurien) est un calcaire compact gris-bleuâtre qui renferme de nombreux fossiles, dont le plus répandu appartient au genre *Gryphée* ; d'où son nom de calcaire à gryphites. Le second (charmouthien) est composé de marnes et de calcaires à *Bélemnites*. Le lias supérieur (toarcien) se signale à peine, près de l'Etelon et de Lurcy, par un calcaire oolithique à *Rhynconelles* ; il contient du fer. Le jurassique supérieur et la grande formation crétacée n'existent pas chez nous ; le Plateau central étant resté complètement émergé, pendant ces longues périodes.

ÈRE TERTIAIRE

I. OLIGOCÈNE. Cette division géologique a été créée depuis peu, aux dépens de l'éocène supérieur et du miocène inférieur ; voilà pourquoi plusieurs auteurs donnent encore ce dernier nom aux terrains dont nous allons nous occuper. A cette époque, le Plateau central est, de nouveau, partiellement envahi par la mer. Cette transgression était le prélude d'un quatrième soulèvement de l'écorce terrestre qui a formé les Alpes et, par contre-coup, a disloqué, une dernière fois, le Plateau central.

« Un affaissement, dit M. de Lapparent, survenu sur l'emplacement des vallées du Cher, de l'Allier ét de la Loire, a permis aux eaux saumâtres de l'oligocène parisien d'arriver au cœur du Plateau central. Ensuite les eaux se sont dessalées et les dépressions ont été occupées par des lacs d'eau douce. L'abondance de leurs dépôts ainsi que l'opulence des formes végétales attestent l'humidité croissante du sol, jointe à une chaleur égale et tempérée. » D'après M. Munier-Chalmas, même à la fin de l'oligocène, il existait dans le Plateau central, non pas des lacs, mais des lagunes à salure décroissante.

1° *Tongrien*. Dans le Bourbonnais, les dépôts les plus anciens sont ceux de la vallée du Cher où l'on distingue deux formations appartenant au sous-étage sannoisien :

Le *sidérolithique* (vert pomme, i). Ce sont, en général, des argiles sableuses plus ou moins compactes et silicifiées, marbrées de rouge vif avec galets de quartz, mais sans traces de stratification. Ces argiles passent souvent à l'état de grès, d'un rouge vif, dû à l'oxyde de fer, qui ressemblent, à s'y méprendre, à l'arkose de Cosne.

Le *calcaire de Brie* (vert pomme maculé, h). Cette formation, intimement liée à la précédente est un calcaire marneux ou concrétionné renfermant assez souvent des lentilles de silex, disposées en bancs réguliers. Ce calcaire est pauvre en fossiles, on le remarque principalement aux environs de Domérat. A Urçay, on y trouve *Bitinia Duchastelii*.

Le plus grand lac tertiaire du Plateau central, celui de la Limagne, s'étendait depuis Issoire jusqu'au Veurdre. Dans l'Allier, ses dépôts s'appuyaient, du côté Ouest, sur les terrains primitifs qui se succèdent depuis Ebreuil jusqu'à Souvigny, de ce point jusqu'au Veurdre ils s'appuyaient sur le permien. A l'Est, le grand lac avait pour limites la chaîne du Forez ; puis, contournant le promontoire du Puy Saint-Léon, il s'étendait dans la vallée actuelle de la Loire. Les formations les plus anciennes de ce grand bassin sont : des arkoses et des argiles bariolées (orangé, g). Ces terrains paraissent être le résultat de la désagrégation des roches primitives sur lesquelles ils reposent. On les rencontre principalement aux environs d'Ebreuil et au Sud de Cusset. Sur les bords du lac principalement de Cesset à Bresnay, ces arkoses ont continué à se former jusqu'à l'époque du calcaire aquitanien et sont mélangées avec lui. Près de Cusset on a trouvé des empreintes de poissons, près de Saint-Germain-des-Fossés un pin avec des cônes.

A ces premiers dépôts succède une catégorie de terrains qui s'étendent de Vicq à Saint-Bonnet-de-Rochefort (orangé maculé, f). C'est une alternance de bancs calcaires, de grès calcarifères et de marnes dans lesquels on trouve *Cyrena convexa, Potamides arvernensis et Lamarkii*, des *Cerithium*, etc. Ces couches, attribuées par M. de Launay au sous-étage stampien, sont rangées, par M. Munier-Chalmas, avec les précédentes dans le sannoisien.

Le *stampien*, tongrien supérieur (jaune paille, e), est caractérisé par des argiles et des marnes à *Cypris faba*. Ce mollusque renouvelait sa coquille tous les ans, c'est ce qui explique la quantité prodigieuse de ces petits fossiles. Dans ces marnes feuilletées sont intercalés des bancs gréseux, parfois très durs ; plus rarement des rognons de calcaire concrétionné. En certains endroits, près de Naves et d'Ebreuil, il s'est déposé du gypse. Ailleurs, des couches de sable calcarifère et de calcaire friable sont presque entièrement formées d'organismes avec *Chara destructa*, des Cypris, des Planorbes et des Lymnées.

2° *Aquitanien* (jaune safran, d). Les dépôts du stampien, occupant généralement les plaines, paraissent s'être formés au centre du lac ; au contraire, les dépôts aquitaniens se trouvent dans les plateaux qui s'étendent en bordure, à l'Ouest et à l'Est de la Limagne bourbonnaise. Cet étage comprend d'abord des calcaires compactes ou concrétionnés, séparés par des bancs d'argile et qui dégagent, sous le choc, une odeur bitumineuse. Ces calcaires ont parfois une texture oolithique, tandis que d'autres, en blocs arrondis ou coniques, sont formés de nombreuses couches minces, superposées, qui se fendillent à l'air et tombent en écailles. Entre Veauce et Bellenaves, on rencontre des calcaires qui ont subi une décalcification partielle qui les a changés en limon rouge, mêlé à des grès et des graviers. Les Lymnées et l'*Helix Ramondi* du calcaire de Beauce sont assez rares dans ces dépôts lacustres ; le plus abondant est le calcaire à Phryganes, formé d'un amas de tubes d'*Indusia tubulata* et de petites coquilles de Paludines, aggluting par les épanchements hydrothermaux qui ont concouru à la formation du calcaire concrétionné.

L'étage aquitanien contient une Faune très riche, composée de poissons, reptiles, oiseaux et mammifères ; les quadrumanes n'y sont pas représentés. Ces fossiles ont été classés par MM. Milne-Edwards, Pomel, Filhol et d'autres savants. La Flore de cette époque a laissé peu de vestiges.

II. MIOCÈNE. A la fin de l'oligocène, une dernière dislocation qui s'est concentrée entre la faille du Forez et celle du bassin houiller de la Queune, a élevé du Nord au Sud la grande dépression qui existait dans la vallée de l'Allier. Le soulèvement définitif des Alpes venait de donner au Plateau central son dernier relief. Les grandes lagunes s'étant vidées, les vallées fluviales se creusèrent. La mer miocène ne paraît pas avoir pénétré dans notre région ; toutefois, M. G. Dollfus attribue à cet âge les marnes hydrauliques de Cusset et les hauts graviers de la Montagne verte. Le traité de géologie de M. de Lapparent place au-dessus des calcaires aquitaniens de Saint-Gérand-le-Puy, des marnes à *Anchitherium* et à *Mastodon*, fossiles caractéristiques du miocène supérieur ; mais cette affirmation, probablement erronée, est formellement contredite par M. de Launay (Feuille géologique de Moulins).

La période miocène est celle de l'apparition des volcans d'Auvergne ; aussi, les géologues s'accordent à voir un contre-coup de ces éruptions dans les pointements basaltiques (B), tous situés sur la limite du carbonifère de la vallée du Sichon.

III. PLIOCÈNE. Deux genres de terrains sont attribués à cette dernière période tertiaire : 1° les argiles plus ou moins sableuses (violet mauve, b) qui occupent dans la vallée de l'Allier des espaces très considérables. Ces dépôts paraissent avoir été formés par de grands courants venant de la Limagne d'Auvergne ; son niveau, probablement élevé par les soulèvements volcaniques, déversa subitement le produit de la fonte des glaciers qui, au commencement du pliocène, couvraient les massifs montagneux, abaissés depuis cette époque par les érosions. Là où ces dépôts sont le mieux caractérisés, ils sont formés d'argiles surmontées par des sables quartzeux, mélangés à des galets arrondis de quartz hyalin, qui diminuent de grosseur à mesure que l'on s'avance vers le Nord. Parfois ces cailloux sont agglutinés par un ciment ferrugineux qui en fait des couches imperméables et très résistantes. On ne trouve pas de fossiles dans ces terrains, le transport des galets les a broyés ; mais les bois silifiés y sont assez abondants.

2° Une autre sorte de terrains, appelés limon des plateaux (jaune cuir, c) est une décomposition, sur place, des micachistes, des grès permiens et même des granites, qui a commencé la fin du tertiaire et n'a pas cessé de se continuer ; l'argile abonde dans cette formation.

ÈRE QUATERNAIRE

Cette époque qui a commencé avec l'apparition de l'homme n'est marquée en Bourbonnais que par les alluvions des cours d'eau (gris cendré, a) dont les plus importantes sont celles de l'Allier. On les voit, en effet, occuper le long de cette rivière souvent deux kilomètres de largeur et en quelques endroits plus du double. On distingue, dans ces alluvions, les anciennes et les modernes ; mais leurs limites réciproques sont très difficiles à apprécier, et pour cette raison nous ne les avons pas déterminées sur la carte. Ces dépôts se distinguent des alluvions pliocènes, en ce qu'ils renferment des débris de roches de toute nature. Dans plusieurs localités, principalement entre l'Allier et la Loire, on a découvert de nombreux restes d'une faune quaternaire disparue depuis longtemps et souvent mêlée à des instruments de silex, premiers vestiges du passage de l'homme dans cette contrée.

ATLAS

GEOLOGIQUE

Indication des Couleurs

Quaternaire		a	Alluvions des cours d'eaux
Pliocène		b	Sables et graviers
		c	Limon des plateaux
Oligocène	Aquitanien	d	Calcaire à Phryganes, à Helix
	Stampien	e	Marnes à Cypris
		f	Argiles, Calcaire à Cyrènes
	Sannoisien	g	Arkoses et argiles
		h	Calcaire de Brie
		i	Terrain sidérolithique
Lias inf. et moyen		j	Calcaires et Marnes
Infralias et rhétien		k	Calcaires et Sablon
Trias		l	Argiles, Dolomies et Marnes
Permien		m	Argiles et grès
		n	Schistes bitumineux
Houiller		o	Schistes, grès, houille
Carbonifère Dinantien		p	Terrains divers
Dévonien		q	Marbre de Diou-Gilly
Cambrien		r	Schistes et phyllades
Terrains primitifs Cristallophylliens		s	Micaschistes
		t	Amphibolite, Serpentine
		u	Gneiss
Roches éruptives Cristallines B. basalte		v	Porphyrites
		w	Quartz en masses et en filons
		x	Microgranulite
		y	Granulite
		z	Granite

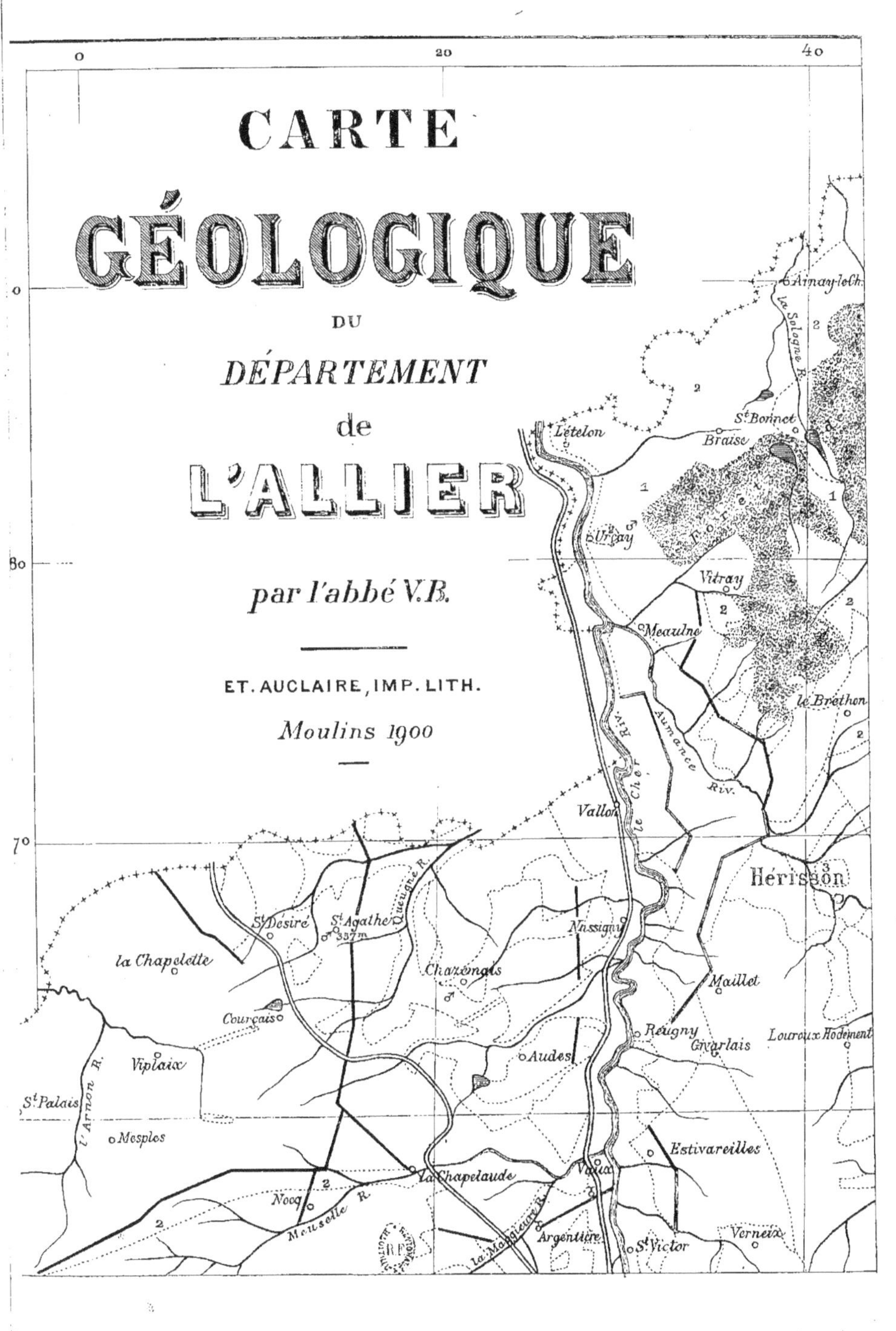
CARTE
GÉOLOGIQUE
DU
DÉPARTEMENT
de
L'ALLIER
par l'abbé V.B.
ET. AUCLAIRE, IMP. LITH.
Moulins 1900
Ainay-le-Ch.
La Sologne R.
St Bonnet
L'Etelon
Braise
St Urçay
Vitray
Meaulne
le Bréthon
Forêt
Aumance Riv.
le Cher Riv.
Vallon
Hérisson
St Désiré
St Agathe
357m
Queugne R.
Nassigny
la Chapelotte
Chazémais
Maillet
Courçais
Réugny
Givarlais
Louroux Hodement
Viplaix
Audes
St Palais
l'Arnon R.
Mesples
Estivareilles
Vaux
la Chapelaude
Nocq
Mousselle R.
Argentière
Verneix
la Magieure R.
St Victor
0
20
40
0
80
70

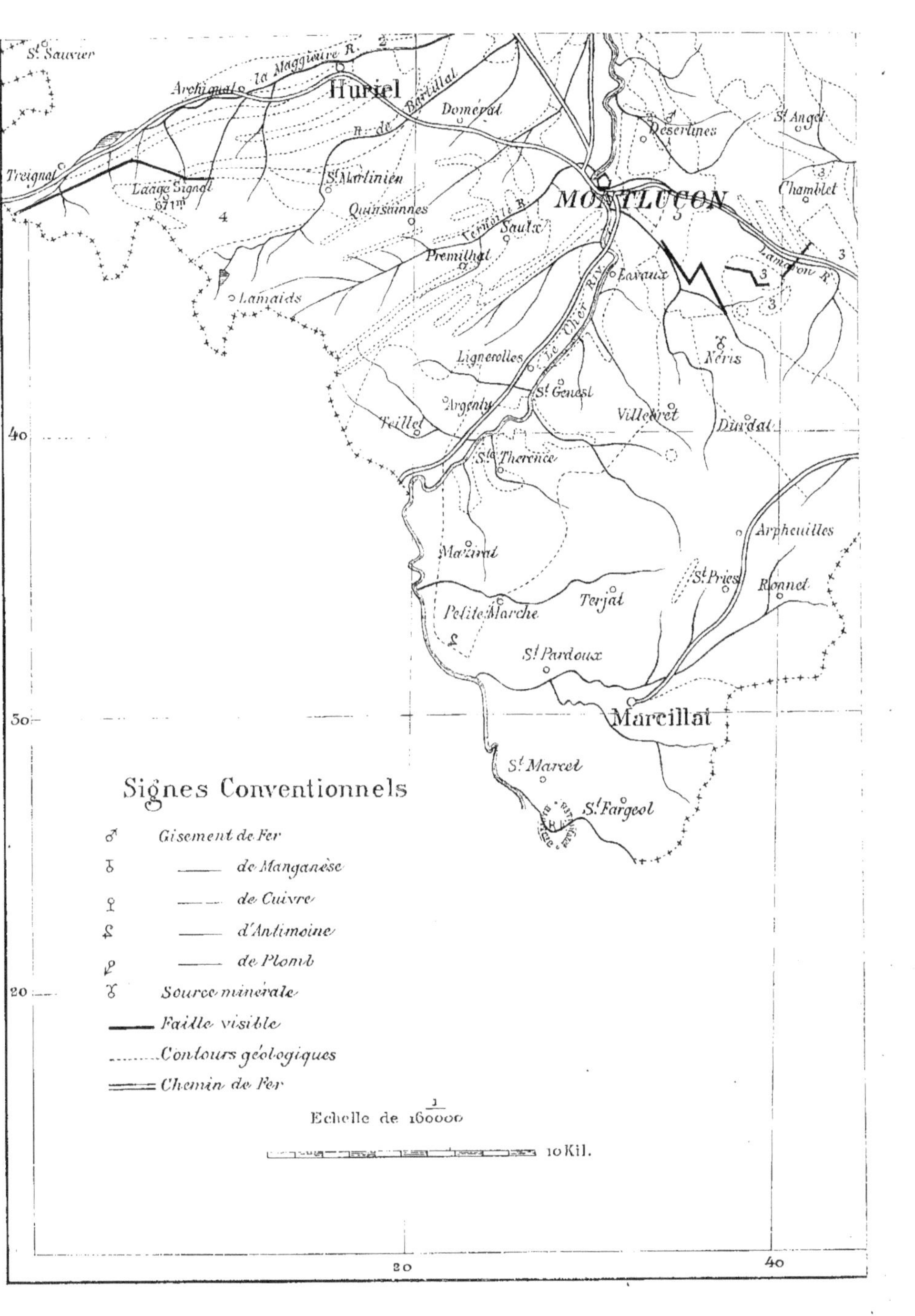

St Sauvier
la Magguire R.
Archignals
Huriel
Bartillat
Domérat
Déserlines
St Angel
Treignat
St Angel
Chamblet
Laage Signal
671m
St Martinien
Quinssinnes
MONTLUÇON
3
4
Véritille R.
Saulx
Lamaron R.
3
Premilhal
3
Le Cher Rᵛ
Lavaux
3
Lamaids
Néris
Lignerolles
St Genest
Argenty
Villebret
Durdal
Feillet
Ste Thérence
Arpheuilles
Mazirat
St Priest
Ronnet
Petite Marche
Terjat
St Pardoux
Marcillat
St Marcel
St Fargeol

Signes Conventionnels

Gisement de Fer
 —— de Manganèse
 —— de Cuivre
 —— d'Antimoine
 —— de Plomb
Source minérale
Faille visible
Contours géologiques
Chemin de Fer

Echelle de 160000
10 Kil.

40
50
20
20
40

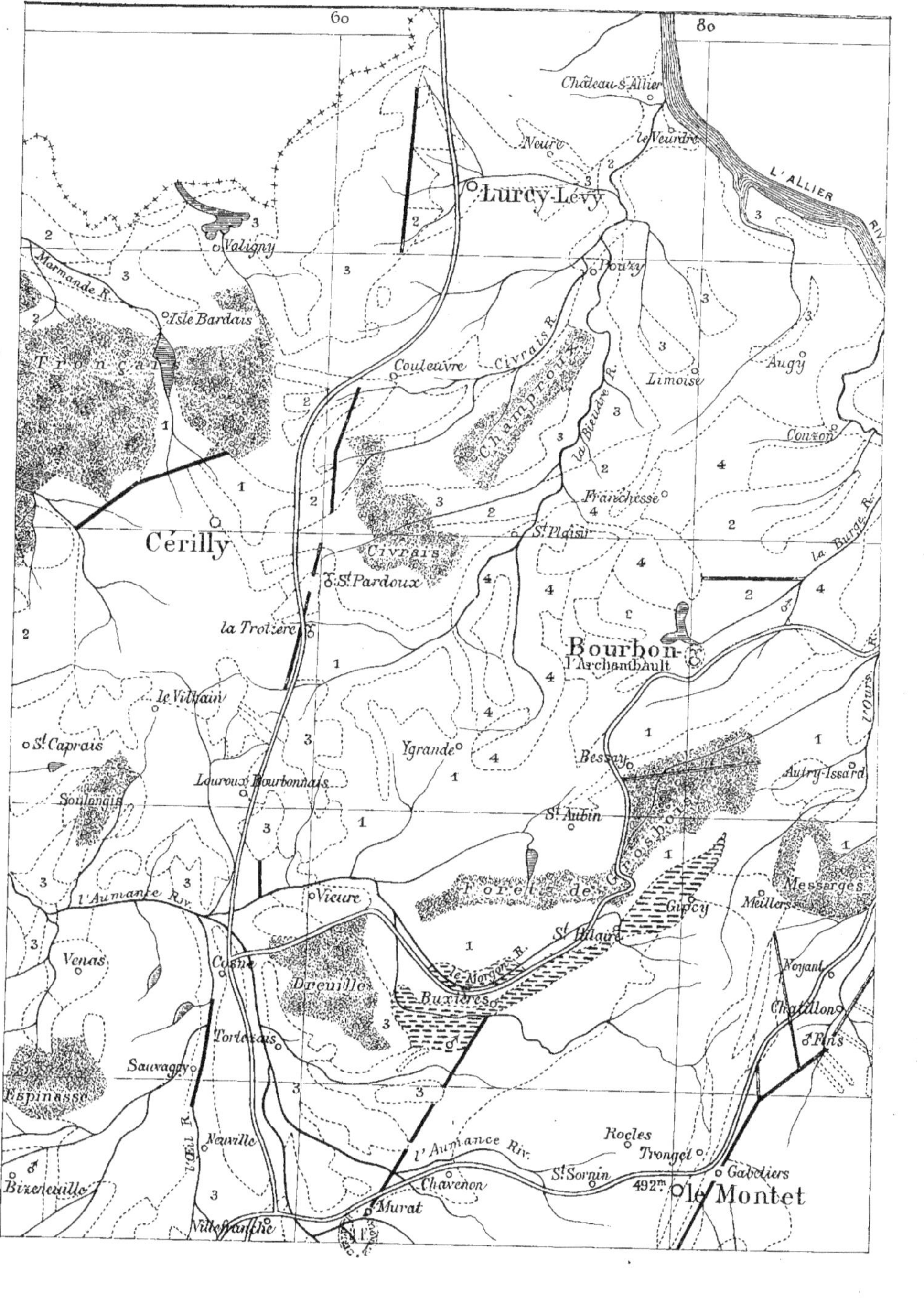

60
80
Château-s-Allier
Neure
le Neure
L'ALLIER RIV.
Lurcy-Levy
Valigny
Pouzy
Marmande R.
Isle Bardais
Couleuvre
Civrais R.
Champroux
la Bieudre R.
Limoise
Augy
Tronçais
Couron
Franchesse
Cerilly
Civrais
St Plaisir
la Burge R.
St Pardoux
Bourbon-
l'Archambault
la Trotiere
L'Ours R.
le Villain
St Caprais
Ygrande
Bessay
Autry-Issard
Louroux Bourbonnais
Soulongis
St Aubin
Forêts de Grosbois
Messarges
l'Aumance Riv.
Vicure
Gipcy
Meillers
Venas
St Hilaire
Cosne
le Morge R.
Noyant
Dreuille
Buxières
Chatillon
Torteron
Fins
Sauvagny
Espinasse
Neuvillc
Rocles
l'Aumance Riv.
Trongel
Gabeliers
Bizeneuille
Chavenon
St Sornin
492m le Montet
Murat
Villefranche

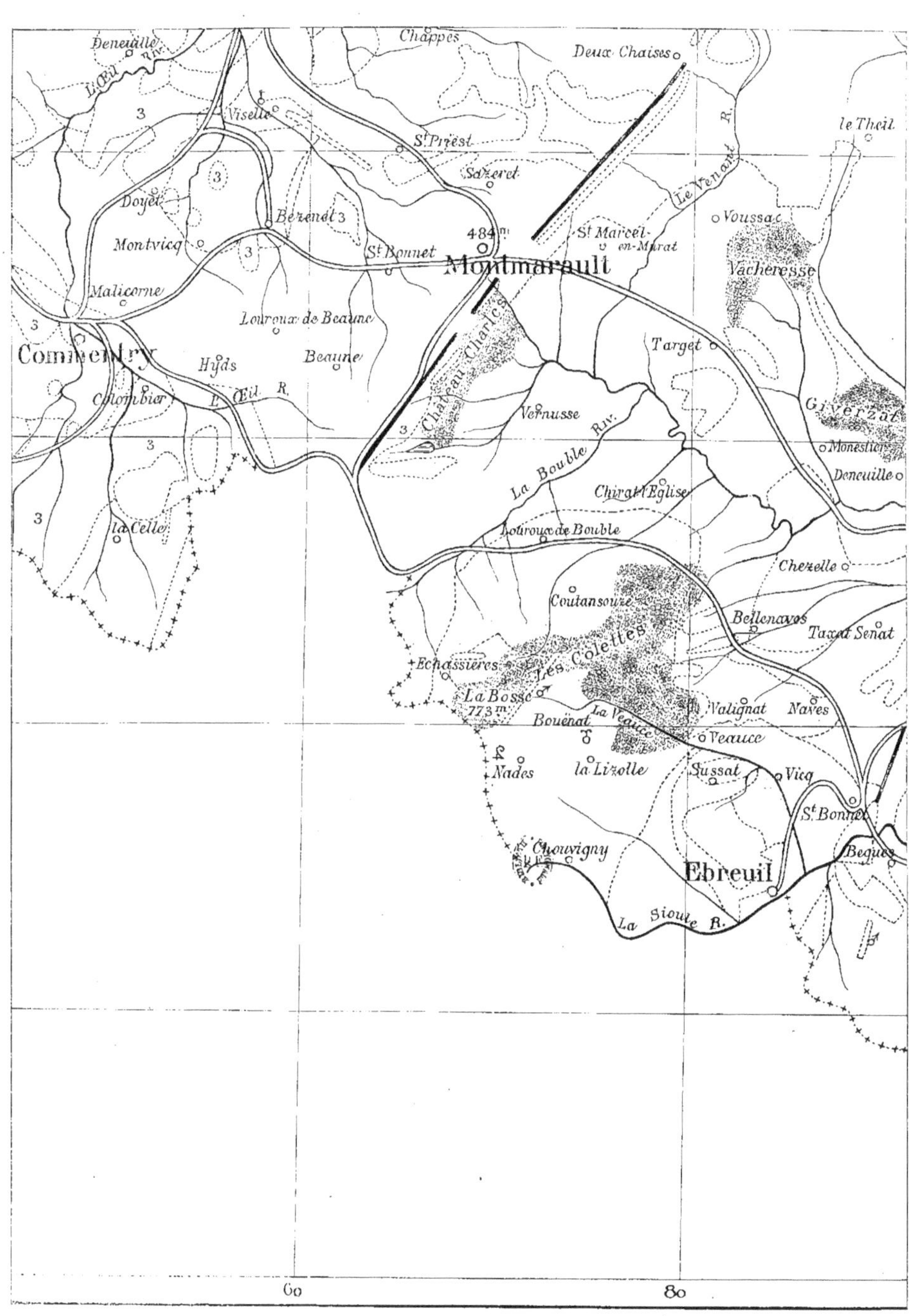

Deneuille
Chappes
Deux Chaises
le Theil
L'Œil Riv.
Viselle
St Priest
Le Venant R.
3
Sazeret
Voussac
Doyet
St Marcel-en-Murat
Bezenet 3
Vacheresse
Montvicq
484 m
St Bonnet
Montmarault
Malicorne
Target
Louroux de Beaune
3
Giverzat
Commentry
Hyds
Beaune
Château Charle
Vernusse
Monestier
Colombier
L'Œil R.
3
La Bouble Riv.
Deneuille
3
Chirat l'Eglise
la Celle
Louroux de Bouble
Chezelle
Coutansouze
Bellenaves
Taxat Senat
Echassières
Les Colettes
La Bosse
773 m
La Veauce
Valignat
Naves
Bouénat
Veauce
Nades
la Lizolle
Sussat
Vicq
Chouvigny
St Bonnet
Ebreuil
Begues
La Sioule R.
60
80

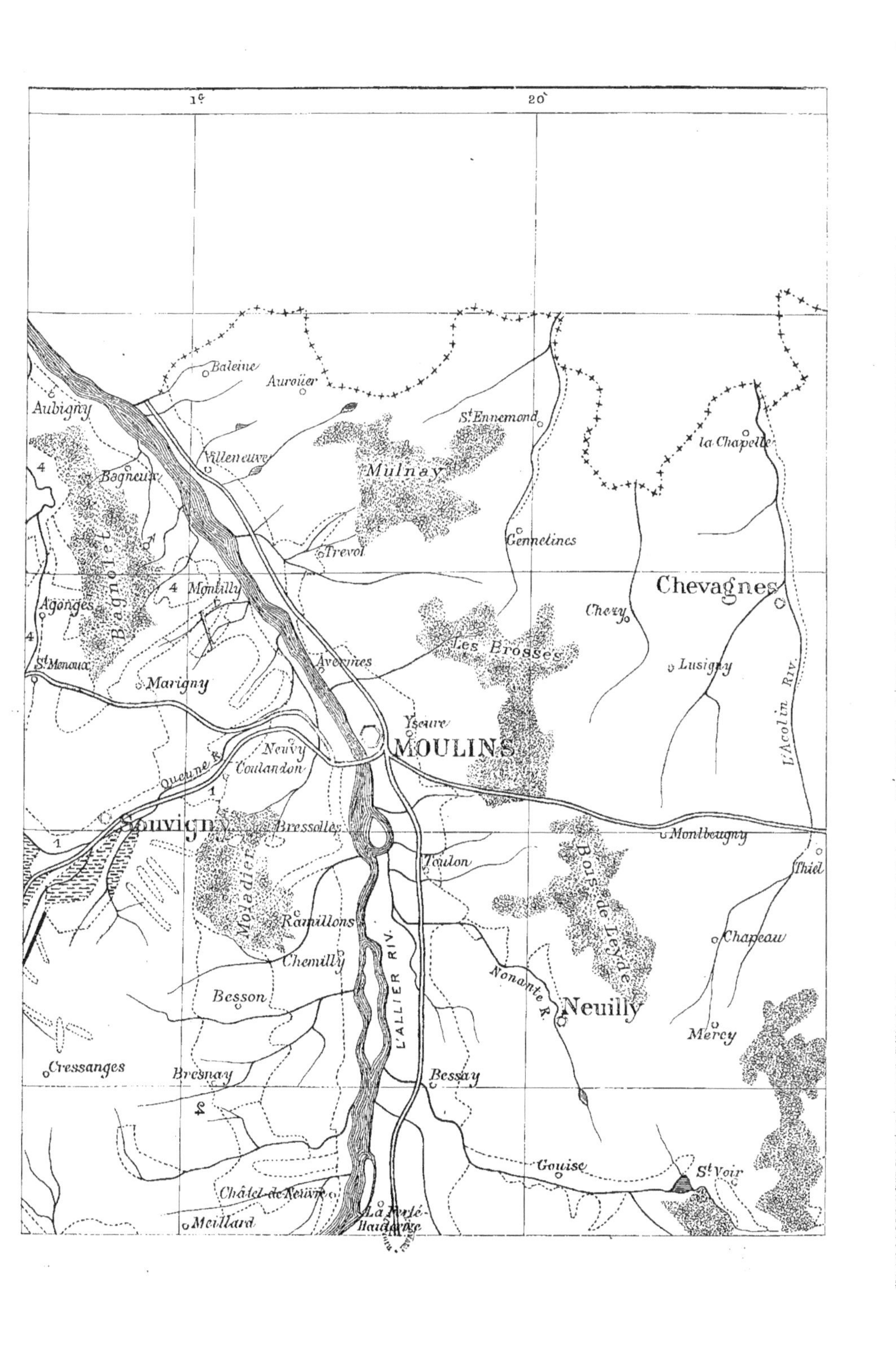

1c
20
Baleine
Aurouer
Aubigny
Villeneuve
St Ennemond
la Chapelle
Bagneux
Mulnay
4
Trevol
Gennetines
Montilly
Chevagnes
Agonges
4
Chezy
St Menoux
Avermes
Les Brosses
Lusigny
Marigny
Yzeure
MOULINS
Neuvy
Coulandon
Queune R.
1
Souvigny
Bressolles
Montbeugny
1
Moladier
Toulon
Bois de Leyde
Thiel
Ramillons
Chemilly
Chapeau
Besson
Nonante R.
Neuilly
Cressanges
Bresnay
Bessay
Mercy
Gouise
St Voir
Châtel-de-Neuvre
Meillard
La Ferté-Hauterive
L'ALLIER RIV.
L'Acolin Riv.

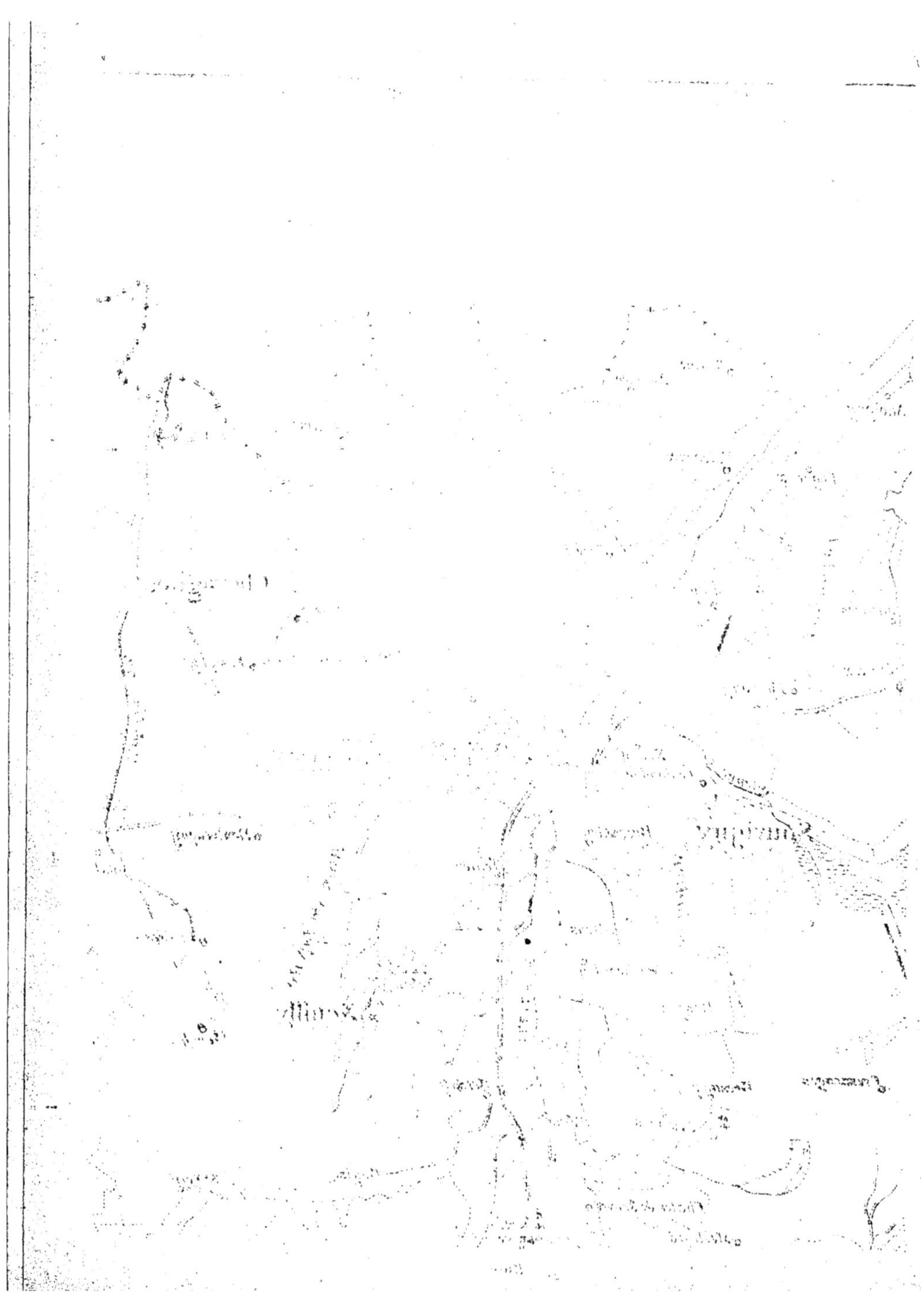

Monetay
L'ALLIER R.
St Gérand-de-Vaux
Treteau
Lafeline
Verneuil
Contigny
St Loup
Montoldre
Cindré
Ozenan R.
Gaduet R.
Soulcet
Boucé
Brassat
Louchy
St Pourçain
Varennes
Rongères
Montaigut-le-Blin
Cesset
Briaille
Paray
Mollord
Valençon R.
Fleuriel
Langy
Charril
Loriges
Crèchy
St Gérand-le-Puy
La Sioule R.
Perigny
la Bouble R.
Bayet
Sanssat
Fouilles
Marcenat
Billy
St Félix
Chantelle
St Didier
Magnet
Etroussat
L'Andelot R.
Billezois
Boublon
Le Vernet
Marcenat
Seuillet
Mourgon R.
Ussel
Barberier
St Germain-des-Fossés
Bost
St Etienne
Charroux
Créuzier-le-neuf
St Christophe
St Germain de Salle
Bréul-Vernet
St Remy
Créuzier-le-Vieux
L'ALLIER R.
Jenzat
St Pont
Vendat
Charmeil
Mayeto-d'École
Cusset
B
Jolant R.
Vauvernier
Escurolles
3
Espinasse
Vichy
2
Saulzet
3
Molles
Monteignet
Vesse
3
2
Le Sichon R.
Vernet
B
2
Cognat
Abrest
1
l'Ardoisière
GANNAT
Montpensier
Serbannes
Hauterive
5
5
B
Poëzat
3
St Priest
Biozat
Brugheas
St Yorre
Aronnes
Charmes
Busset
Mariol
16
20

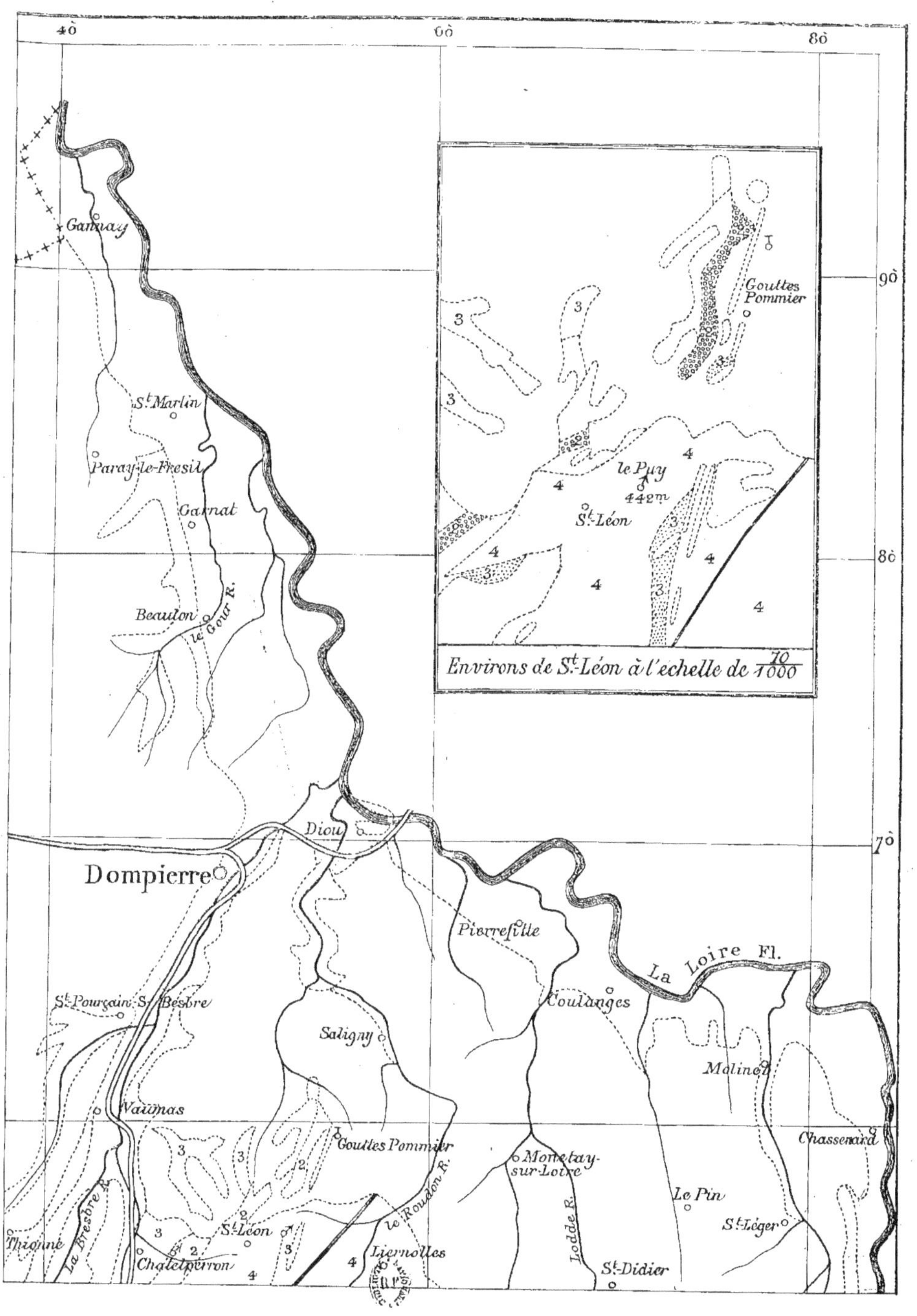

40
60
80
90
80
70
Gannay
St Martin
Paray-le-Fresil
Garnat
Beaulon
le Gour R.
Diou
Dompierre
Pierrefitte
St Pourçain S. Besbre
Coulanges
Saligny
Moline
Vaumas
La Besbre R.
Goutles Pommier
Monetay-sur-Loire
Iodde R.
Chassenard
Le Pin
Thionne
St Léon
le Roudon R.
St Léger
Chatelperron
Liernolles
St Didier
La Loire Fl.
Goutles Pommier
le Puy
442m
St Léon
Environs de St Léon à l'echelle de 70/1000

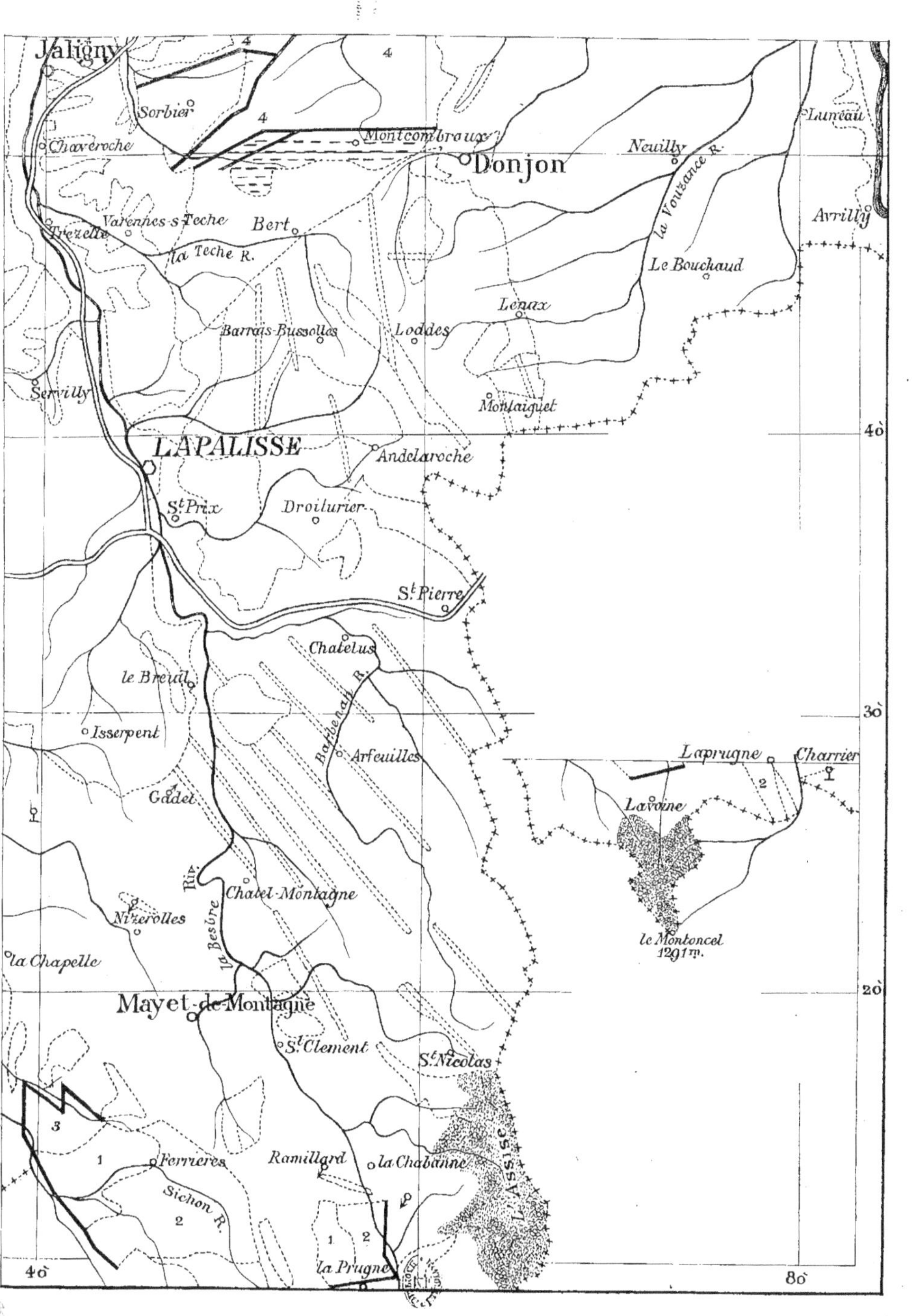

Jaligny
Sorbier
Chaveroche
Montcombroux
Donjon
Neuilly
Luneau
Avrilly
la Vouzance R.
Thiezelle
Varennes-s-Teche
Bert
la Teche R.
Le Bouchaud
Barrais-Bussolles
Loddes
Lenax
Servilly
Montaiguet
LAPALISSE
Andelaroche
40
St Prix
Droiturier
St Pierre
Chatelus
le Breuil
Barbenan R.
30
Isserpent
Arfeuilles
Laprugne
Charrier
Gadet
Laraine
Riv.
Chatel-Montagne
Nizerolles
la Besbre
le Montoncel
1291 m.
la Chapelle
20
Mayet-de-Montagne
St Clement
St Nicolas
Ferrieres
Ramillard
la Chabanne
Sichon R.
40
la Prugne
80